BEI GRIN MACHT SICH IHR WISSEN BEZAHLT

Lars Wartenberg

Bruchstufen und Schichtstufen

GRIN Verlag

Bibliografische Information der Deutschen Nationalbibliothek:

Die Deutsche Bibliothek verzeichnet diese Publikation in der Deutschen National-
bibliografie; detaillierte bibliografische Daten sind im Internet über http://dnb.d-
nb.de/ abrufbar.

Impressum:

Copyright © 2003 GRIN Verlag GmbH
Druck und Bindung: Books on Demand GmbH, Norderstedt Germany
ISBN: 978-3-640-35670-6

Dieses Buch bei GRIN:

http://www.grin.com/de/e-book/27721/bruchstufen-und-schichtstufen

GRIN - Your knowledge has value

Der GRIN Verlag publiziert seit 1998 wissenschaftliche Arbeiten von Studenten, Hochschullehrern und anderen Akademikern als eBook und gedrucktes Buch. Die Verlagswebsite www.grin.com ist die ideale Plattform zur Veröffentlichung von Hausarbeiten, Abschlussarbeiten, wissenschaftlichen Aufsätzen, Dissertationen und Fachbüchern.

Besuchen Sie uns im Internet:

http://www.grin.com/

http://www.facebook.com/grincom

http://www.twitter.com/grin_com

BRUCHSTUFEN UND SCHICHTSTUFEN

[eigene Aufnahme]

Inhalt

1. Einleitung

Flüsse, Gletscher und der Wind hinterlassen auf der Erdoberfläche ihre Spuren: Berghänge, Täler, Dünen, Flussniederungen und zahlreiche andere durch Erosion und Sedimentation geschaffene Formen. Die charakteristischen Merkmale der Abtragung und Sedimentation werden als Geländeformen bezeichnet. Diese Geländeformen eines Gebietes bilden die Grundlage einer Landschaft und liefern Anhaltspunkte für den geologischen Bau und für die Entwicklungsgeschichte eines Gebietes. Aber auch Falten und Störungen, die durch Gesteinsdeformation im Zuge der Gebirgsbildung entstehen, hinterlassen ihre Spuren auf der Erdoberfläche. Auch morphologische Änderungen oder Deformationen lassen Rückschlüsse auf den ihnen zugrunde liegenden geologischen Aufbau zu.

2. Tektonisch bedingte Steilränder

Bei den Bruchstufen und Schichtstufen handelt es sich um tektonisch bedingte Steilränder, denen im Vergleich zu Scherbewegungen Horizontalverschiebung) vertikale Gesteinsbewegungen zu Grunde liegen können (Abb. 1). Schichtstufen sind asymmetrisch [Press/Siever, 357]. Es handelt sich um Höhenzüge auf verkippten und teilweise abgetragenen Gesteinsfolgen, in denen sich widerständige mit weniger widerständigen Schichten abwechseln. Bruchstufen entstehen durch vertikale Störungen, an denen eine Seite im Verhältnis zur anderen entweder herausgehoben oder abgesunken ist (Abb. 1). Ihre Störungsflächen bilden meist steile Felswände. Unter einer Störung oder auch Verwerfung versteht man eine Bruchfläche, an der auf beiden Seiten eine relative Bewegung des Gesteins parallel zur Bruchfläche des Gesteins stattgefunden hat. Und zwar hervorgerufen durch Dehnung, Kompression oder Scherung. Die diese Bewegungen hervorrufenden tektonischen Prozesse wirken sich an den Plattengrenzen besonders stark aus [Leser, 959].

Abb. 1 Vertikale Störungsformen

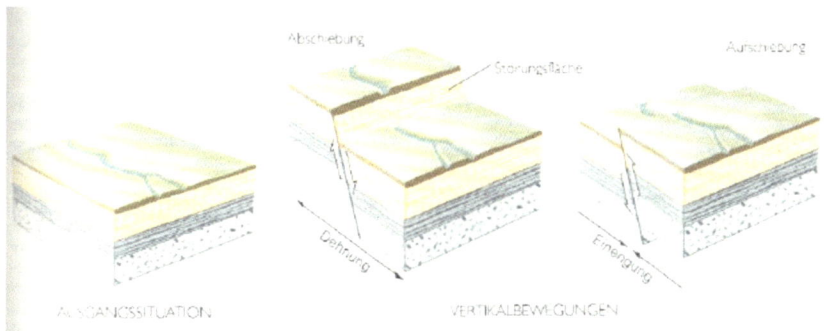

[Press/Siever, 219]

3. Bruchstufen

„Die markanteste und im Georeliefgefüge sehr vielfältig auftretende tektonische Formbildung ist die Bruchstufe" [Leser, 90]. Der tektonische Ursprung von Bruchstufen ist meist an der Geradlinigkeit und der kilometerlangen Erstreckung zu erkennen (Abb. 2). Die Höhe von Bruchstufen hängt von der Sprunghöhe der Störung bzw. Verwerfung ab, entlang der die Schollen bewegt wurden. Die ursprüngliche Bewegungsfläche ist der Steilabfall, der von der höheren zur tieferen Scholle führt. Bruchstufen entstehen durch vertikale Bewegungen, womit frische Bruchstufen steil sind. „Sie werden aber bald durch die hier – wegen der Höhenunterschiede – besonders stark wirkende Erosion schnell abgeflacht. In widerstandsfähigem Gestein erhalten sie sich länger und schärfer als in geomorphologisch weichem Gestein. Frische und Deutlichkeit einer Bruchstufe deuten also entweder auf widerstandsfähiges Gestein oder jugendliches Alter" [Leser, 91].

Abb. 2 Bruchstufe mit Hängetal in Nordgrönland gegen das nördliche Eismeer

[Ahnert, 293]

3.1 Die Formgestalt von Bruchstufen

Das Ausmaß der vertikalen Verschiebung   oder die Sprunghöhe der Verwerfung kann von den kleinsten Beträgen von nur wenigen Metern, wie dies beispielsweise beim Erdbeben in San Francisco zu Beginn des 20. Jahrhunderts der Fall war, bis zu mehreren tausend Metern (~3000m) ansteigen und schwankt in der Größe von Ort zu Ort. Die Sprunghöhe der Hauptrandverwerfung des Oberrheingrabens bei Heidelberg beträgt beispielsweise etwa 1000 m.
Die Formgestalt von Bruchstufen hängt insbesondere Vom „Verhältnis zwischen der Hebungsrate und der „Intensität der Erosions- und Denudationsprozesse ab" [Ahnert, 292].

Normalerweise treten Brüche zu mehreren, zueinander parallel oder sich unter verschiedenen Winkeln kreuzend auf und zerlegen Teile der Erdoberfläche/Erdkruste in verschiedene, unterschiedlich hoch gelegene Schollen. Dann ist von einem Bruchnetz oder von einem Bruchsystem die Rede. Unter einem Schollenland versteht man ein in seiner Struktur durch Brüche bestimmtes Gebiet. Es werden Längsbrüche, Querbrüche und Diagonalbrüche voneinander unterschieden. Längsbrüche verlaufen parallel zum Streichen der Schichten, dementsprechend Querbrüche quer und Diagonalbrüche schräg zur Streichrichtung [Machatscheck, 9]. Unter dem Begriff „Streichen" versteht man die Schnittlinienrichtung einer horizontalen Gesteinsschicht, senkrecht zur Fallrichtung. Das „Fallen" ist der Winkel der steilsten Neigung einer Schicht, gemessen gegen die Horizontale [Ahnert, S. 295/296].

4. Schichtstufen

„Den an hartes Gestein gebundenen Streifen höheren Landes zwischen zwei Senken oder auch nur den Steilabfall bezeichnen wir als Land- oder Schichtstufe... Der Steilhang der Stufe ist ihre Stirn, der flachere Hang die Stufenlehne" [Machatscheck, 86].
„Schichtstufen sind asymmetrische Höhenzüge auf verkippten und teilweise abgetragenen Gesteinsfolgen" [Press/Siever, 357]. Die widerstandsfähigen Schichten (Stufenbildner) wechseln mit weniger widerstandsfähigen, also leichter erodierbaren Schichten (Sockelbildner).

Abb. 3 Schichtstufen

1 + 3: Stufenbildner
2 + 4: Sockelbildner
5: Stufenstirn
6: Dachfläche
7: Zeugenberg

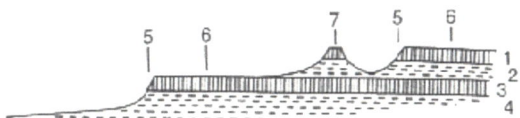

[Machatscheck, 86]

4.1 Entstehung von Schichtstufen

Schichtstufen entstehen dort, wo flach einfallende Schichten erosionsfester Gesteine, etwa Sandsteine durch Abtragung eines weniger widerstandsfähigen Gesteins, etwa Schieferton, unterschnitten werden [Press/Siever, 357]. Die einzelnen Schichten entstehen durch Sedimentation.

Abb. 4 Entstehung von Schichtstufen

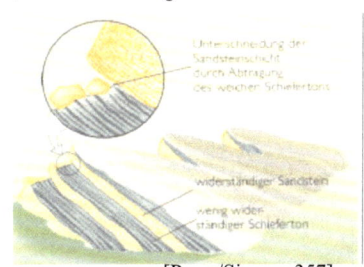

[Press/Siever, 357]

4.2 Schichtabhängige Landformen

Die Formen der Landoberfläche werden durch den Schichtenbau beeinflusst, „wenn verschiedene Schichten verschieden stark verwittern und abgetragen werden. Dadurch entsteht eine gesteinsspezifische räumliche Differenzierung der Formen" [Ahnert, 296]. Wird ein widerstandsfähiges Gestein (z.b. Sandstein oder Kalk) beispielsweise von einem geringwiderstandsfähigem Gestein (z.b. Tonstein oder Mergel) überlagert, und liegt die Schichtgrenze zwischen den beiden verschiedenen Gesteinsschichten an der Landoberfläche, entwickeln sich verschiedene, auch vom Einfallswinkel des Schichtenpakets abhängige Landformen. Bei etwa horizontaler Lagerung entsteht eine Schichttafel, bei einem leichten Einfallen der Schichten (bis maximal 5 – 6°) eine Schichtstufe (engl. cuesta)und bei einem noch steilerem Einfallen der Schichten ein Schichtkamm (engl. hogback).

4.3 Entstehungsbedingungen von Schichtstufen

Schichtstufen können nur bei einem leichten Einfallen der verschieden widerständigen Schichten entstehen. Ausserdem muss die Schichtgrenze zwischen Stufenbildner und Sockelbildner an der Landoberfläche anstehen. Diese spezielle Lage kann auf verschiedene Art und Weise entstanden sein. Zum einen können die Schichten an einer Verwerfung angehoben worden sein, so dass am Hang der Bruchstufe die Schichtgrenze freigelegt worden ist. Zum anderen können die schichten auch von einer fluvialen Tiefenerosion durchschnitten worden sein, „so dass die Schichtgrenze an den Talhängen ausstreicht" [Ahnert, 297]. Ausserdem ist es möglich, dass die Schichten von einer alten Rumpffläche geschnitten werden, und an beiden Seiten der Schichtgrenze eine neue gesteinsspezifische Differenzierung von Verwitterung und Abtragung einsetzt. „Die Denudationsprozesse könnten z.B. durch eine neue Erniedrigung der regionalen Erosionsbasis wieder aufleben, oder auch im Gefolge einer Änderung des Klimas" [Ahnert, 297].

Für die Weiterentwicklung der Schichtstufe ist die Dominanz von Erosions- und Denudationsprozessen entscheidend. Diese Prozesse müssen auf den Stufenbildner und den Sockelbildner einwirken und somit die Formdifferenzierung herbeiführen. Glaziale Prozesse tragen unterschiedliche Gesteine gleichermaßen ab und äolische Prozesse sind nicht stark genug um diese Formdifferenzierung zwischen Stufenbildner und Sockelbildner herbeizuführen. „Die im fluvialen Prozessresponssystem vereinigten Prozesse der Verwitterung, der Denudation und der Flusserosion jedoch besitzen sowohl die nötige Energie als auch das nötige formengestaltende Differenzierungsvermögen" [Ahnert, 298].

Die Widerständigkeit des Stufenbildners ist immer relativ zum jeweiligen Sockelbildner zu sehen. Diese Widerständigkeit ist nicht in erster Linie durch die mechanische Gesteinshärte, sondern vor allem die Porosität des Gesteins und die damit verbundene flächenhafte Durchlässigkeit sowie die Klüftigkeit des Gesteins und die damit verbundene linienhafte Durchlässigkeit bestimmt [Ahnert, 298]. Der Faktor Porosität ist deshalb bedeutsamer als der der Härte, weil Wasser, wenn es schnell in den Stufenbildner einsickert die Landoberfläche nicht abtragen kann (Abb. 5).

Abb. 5 Schichtstufe und Zeugenberg des Mesa Verde – Sandsteins auf dem
Colorado Plateau

[Ahnert, 298]

4.4 Die Formung des Stufenhangs

„Die Differenzierung der Denudationsvorgänge, die dem Hang seine charakteristische zweigliedrige Form verleiht und ihn damit zum Schichtstufenhang macht" [Ahnert, 299] beginnt mit der Schichtgrenze zwischen Stufenbildner und Sockelbildner. Das Niederschlagswasser versickert zunächst im Stufenbildner und wird dort als Grundwasser gespeichert, und zwar an der Schichtgrenze zwischen Stufen- und Sockelbildner. Der Sockelbildner wirkt dabei als Wasserstauer. „An der im Hang ausstreichenden Schichtgrenze tritt das Wasser in Schichtquellen und als Sickerwasser wieder zutage" [Ahnert, 299]. Im Schichtgrenzbereich kommt es dadurch also zu einer verstärkten Verwitterungsintensität. Dadurch kommt es zu einer Unterschneidung des oberen Hangteils. Der Stufenbildner wird an seiner Basis zurückgedrängt und dadurch versteilt, was die Entwicklung eines konkaven Hangbereichs längs der Schichtgrenze zur Folge hat. Die Untergrabung und Versteilung des Oberhangs ist an den Schichtquellen stärker als an den dazwischenliegenden Hangteilen. „Die Quellen verlagern sich durch rückschreitende Quellerosion längs der jeweiligen Kluft, an der sie austreten, in das stufenbildende Gestein hinein zurück und schaffen dadurch kleine Täler erster Ordnung, deren Höhenlage von der Schichtgrenze und deren Richtung von der Kluftrichtung bestimmt wird" [Ahnert, 30]. So kommt es zu einer Zerlappung des Stufenrandes und der Gliederung des Schichtstufen-Grundrisses.

4.5 Die Entstehung von Zeugenbergen

Das Versteilen und Zurückdrängen des Stufenhangs verläuft sehr langsam durch Quell- und Sickerwasseruntergrabung. Die erosive Zerlegung des Stufenrandes durch Flüsse und Bäche erfolgt jedoch schneller. Die den Stufenrand querenden Täler und Nebentäler werden unter das Niveau der Schichtgrenze eingetieft. Somit werden Teilgebiete des Stufenbildners von der zusammenhängenden Schichtstufe abgetrennt. Diese Teilgebiete stehen dann als tafelbergartige Formen vor dem Stufenrand und werden als Zeugenberge bezeichnet (Abb. 7). Ihr Vorhandensein zeugt von der früher weiter reichenden Ausdehnung der Schichtstufe. Zeugenberge findet man nur vor Schichtstufen mit einem sehr geringen Einfallswinkel der Schichten (1 – 2°). Ein „relativ steiles Einfallen der Schichten würde bedeuten, dass der Stufenbildner auf dem Zeugenberg sehr viel höher läge als an der Schichtstufe und wegen dieser grösseren Höhe, die auch ein lokales höheres Relief bedeutet, rasch abgetragen würde" [Ahnert, 301].

4.6 Die süddeutsche Schichtstufen-landschaft

Abb. 6 Entstehung der süddeutschen Schichtstufenlandschaft

http://www.zum.de/Faecher/Ek/BAY/gym/Ek11/schichtstuf.htm

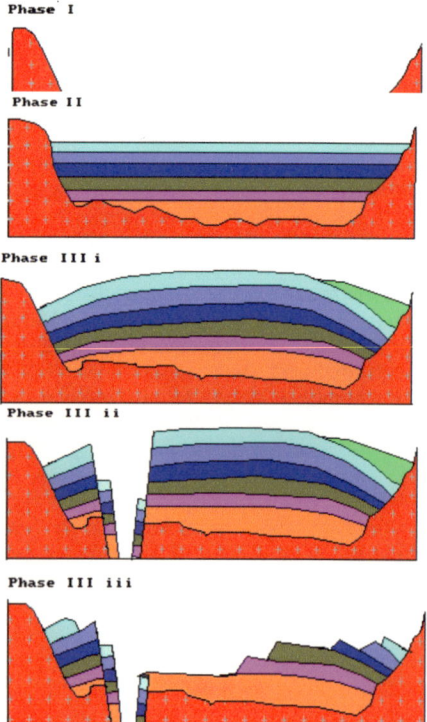

Am Ende des Paläozoikums ist das Variskische Gebirge abgesunken.

Bis zum Ende des Mesozoikums erstreckt sich vom Westrand Böhmens bis nach Westfrankreich und Südengland ein bis zu 2000 m mächtiges Schichtenpaket aus Sedimentgesteinen sehr unterschiedlicher Widerständigkeit (Keuper, Buntsandstein, Muschelkalk...). Von der späten Jura an, und verstärkt in der Kreidezeit, wird der zentrale Teil des Schichtenpaketes von der heutigen Lage der Donau und des Bayrischen Waldes bis nach Lothringen aufgewölbt. Diese Krustenbewegung setzt sich bis in das Tertiär und Quartär hin fort. Als Folge der Spannungen in der Kruste brach der Scheitel des Gewölbes ein. Es entsteht der heutige Oberrheingraben zwischen Basel und dem Taunusrand bei Frankfurt a.M. Unter den tropischen Bedingungen kommt es zu schnellen flächenhaften Verwitterungen. So findet man ursprünglich übereinanderliegende Gesteinspakete an der Oberfläche räumlich nebeneinander. Im Quartär findet durch die veränderten klimatischen Bedingungen eine Zerschneidung statt, die zur Herausbildung der Schichtstufen führt.

Abb. 7 Monument Valley

[eigene Aufnahme]

5. Quellenverzeichnis:

-Ahnert, F.: „Einführung in die Geomorphologie", Verlag Eugen Ulmer, Stuttgart 1996.

-Hempel, L.: „Einführung in die Physiogeographie - Einleitung und Geomorphologie", Franz Steiner Verlag GmbH, Wiesbaden 1974.

-Leser, H.: „Geomorphologie", Westermann Verlag, Braunschweig 1995.

-Leser, H. (Hrsg.): „Diercke Wörterbuch Allgemeine Geographie", Deutscher Taschenbuch Verlag GmbH & Co. KG, München 2001.

-Machatschek, F.: „Geomorphologie", Teubner Verlag, Stuttgart 1973.

-Press, F./Siever, R.: "Allgemeine Geologie". Spektrum Akademischer Verlag GmbH, Heidelberg 1995.